L'ÉTRANGE UNIVERS DES
ILLUSIONS
D'OPTIQUE

Pour moi, c'est ravir au monde le soleil
que d'ôter de la vie l'amitié.
Cicéron

Quand finalement tu reviens dans ton village d'enfance,
tu découvres que ce n'est pas ton village,
mais ton enfance qui t'a tant manqué.
Sam Ewing

À la famille Horn : Colette, Nana, Pollux et Annelise.
En souvenir de notre amitié d'enfance, des jeux partagés et des descentes en luge. Jamais je n'oublierai notre petit village perché sur les hauteurs du lac Léman.
Gianni

Direction éditoriale : Guillaume Pô
Édition : Hélène Raviart et Aurélie Vigne
Direction de création : Laurent Quellet
Mise en pages : Melissa Chalot
Illustrations : Adam (couverture et pages 2, 4, 8, 38, 68,98)
Fabrication : Anne Floutier

Photogravure : Amalthéa
Imprimé en août 2011 par Graficas Estella (Espagne)
N° d'édition : P 11102

ISBN : 978 2215 11012 5
Dépôt légal : octobre 2011

15-27, rue Moussorgski
75895 Paris cedex 18

Gianni A. Sarcone et Marie-Jo Waeber

L'ÉTRANGE UNIVERS DES ILLUSIONS D'OPTIQUE

FLEURUS
www.fleuruseditions.com

SOMMAIRE

VERTIGE
TROUBLE
ÉBLOUISSEMENT
HALLUCINATION

BIENVENUE DANS CE MONDE INSOLITE !

ICI, TOUT N'EST QU'ILLUSION.

Installez-vous confortablement dans votre fauteuil. Par un étrange phénomène, vous serez emporté dans un univers où les images s'animent, vibrent, clignotent, où les rapports de proportions sont trompeurs, où l'impossible devient possible.

Dans la réalité, lorsque vous assistez à une scène, vos yeux n'en perçoivent qu'une faible partie. Car le cerveau n'est pas un appareil photo, il fonctionne par comparaison et utilise certains repères (souvenirs réels ou imaginaires) pour analyser et comprendre ce que les yeux lui transmettent.

Ne vous fiez pas aux apparences : l'environnement et la façon même de regarder influent sur la perception des choses, notamment celle des couleurs. C'est pourquoi une même tache de couleur paraîtra plus ou moins intense selon qu'elle se trouve sur une zone sombre ou claire, ou encore sur sa complémentaire.

Abandonnez vos certitudes et, pour votre plus grand plaisir, laissez vos sens vous tromper au fil des pages !

VERTIGE

Fixez votre regard sur la bande bleu foncé en haut ou en bas du turboréacteur.
Les pales se mettent à tourner. Paré au décollage ?

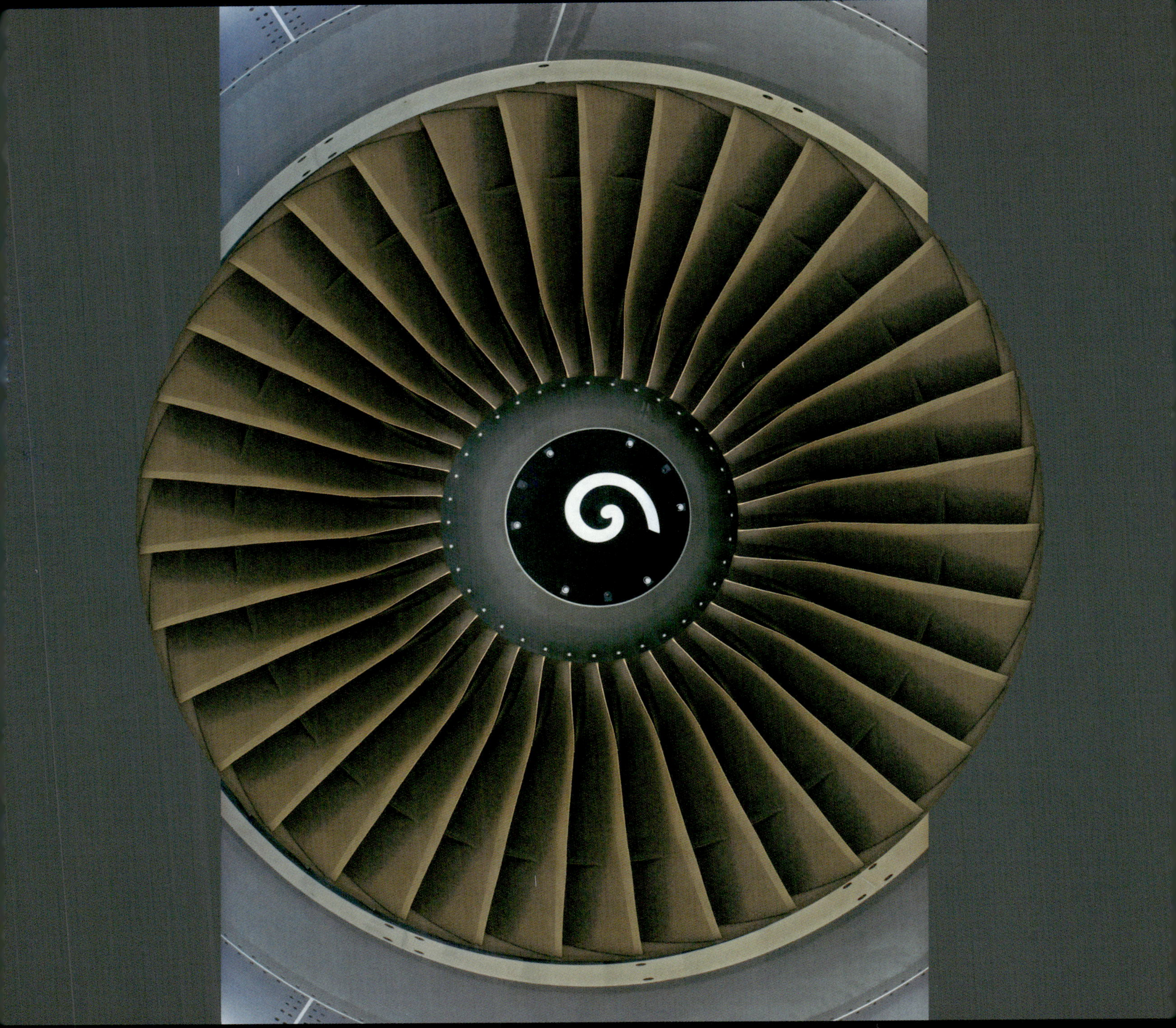

Vues d'avion, les deux lign
paraissent légèrement
bombées alors qu'elles sont
parfaitement parallèles entre elles !

Vertigineux !

Curieux de connaître votre avenir ? Allez rendre visite à Mme Irma ! Fasciné par son regard hypnotique, vous verrez d'étranges tourbillons s'enrouler sur eux-mêmes. Parviendrez-vous à fixer la diseuse de bonne aventure dans les yeux sans cligner de l'œil ?

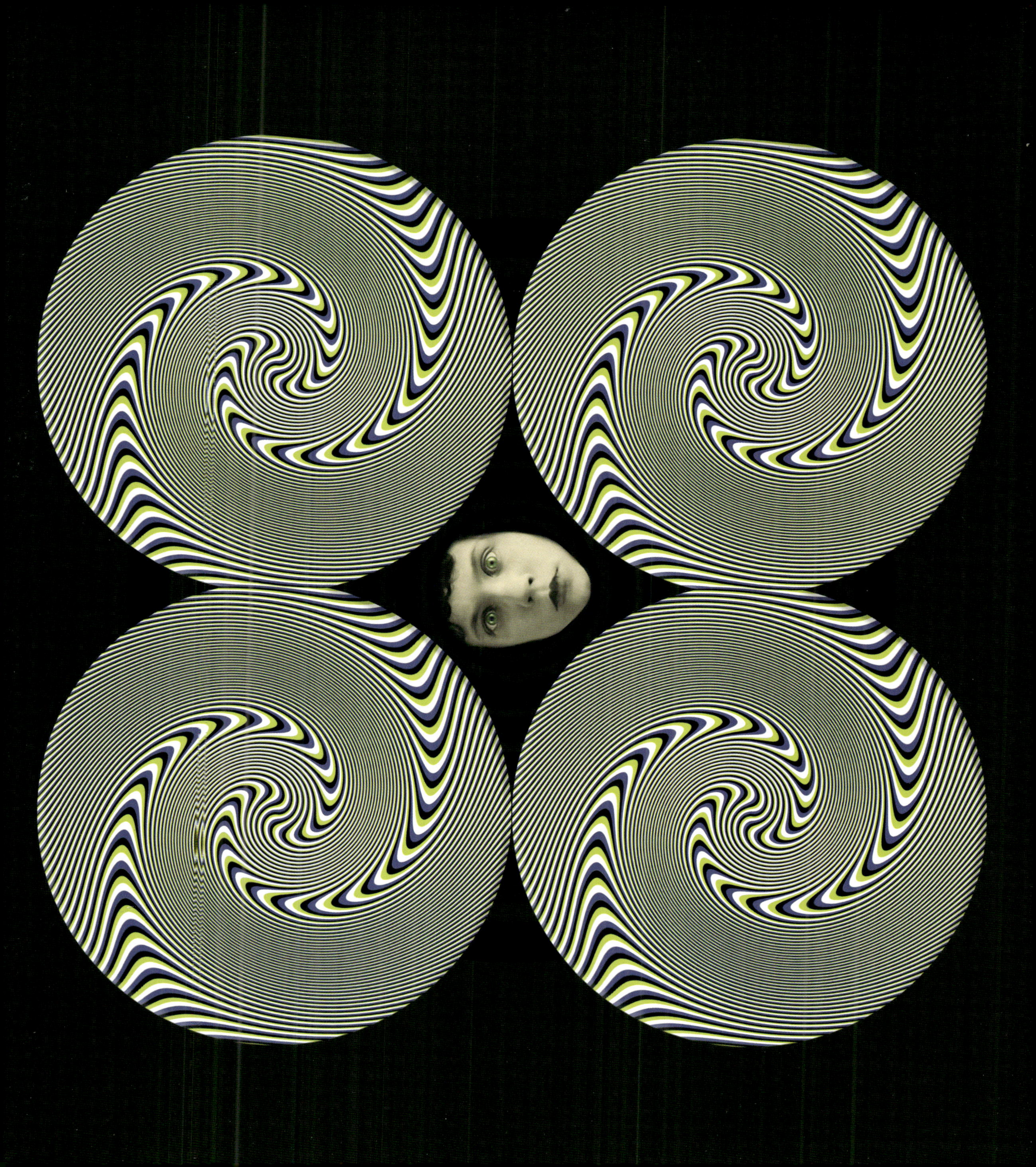

Fixez le centre vert, puis avancez et reculez alternativement la tête : les rayons périphériques paraissent se déformer et glisser, se détacher du fond.

De plus, une sorte de halo lumineux fourmille autour du disque vert.
Une illusion doublement bluffante !

Attention de ne pas tomber dans le tourbillon de ce drôle d'escalier ! Quel tourbillon d'ailleurs ? Votre œil voit des spirales là où il n'y a qu'une succession de carrés noir et blanc imbriqués, inclinés et décalés.

Éloignez un peu le livre et observez les deux motifs...

Laissez votre regard glisser d'une page à l'autre.

N'avez-vous pas l'impression qu'un des motifs tend à s'éloigner,

tandis que l'autre s'avance lentement vers vous ?

ÉTRANGES, CES CROIX MOUVANTES !

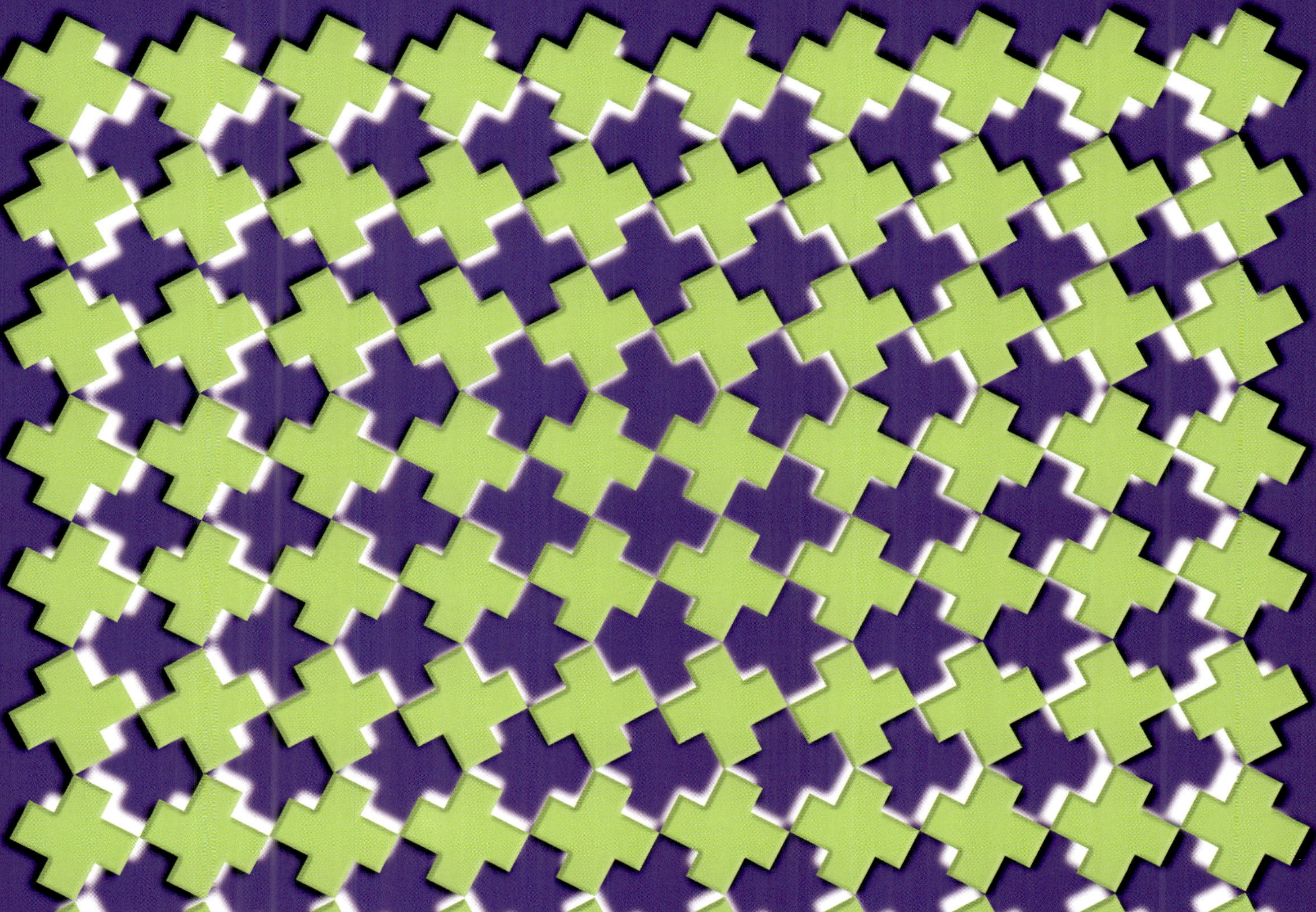

Un trou noir engloutit tout sur son passage ! Regardez,
celui-là semble se dilater et avaler l'univers. Y survivrez-vous ?

Fixez le disque rayé. Par la simple force de votre esprit, vous parvenez à le faire flotter et osciller. Ne seriez-vous pas un peu magicien ?

Déplacez vos yeux au hasard de la surface pour voir danser les pois violine sur le fond vert.

Est-ce la fatigue ou l'apaisante influence de Bouddha qui provoque ces fascinantes ondulations ?

entre eux.

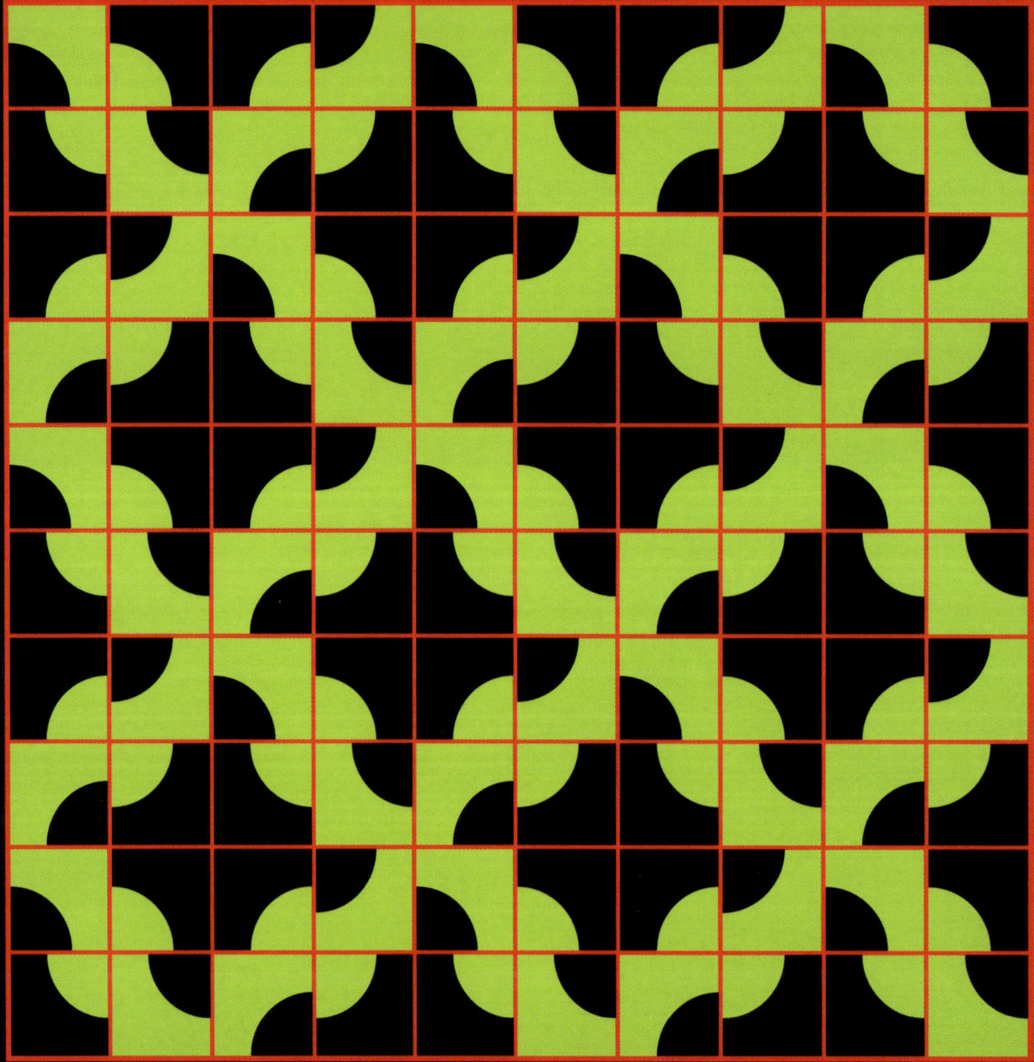

Voilà un drôle de damier ! Sous vos yeux, certaines cases semblent s'étaler alors que d'autres paraissent bombées ! Voilà qui est bien surprenant, puisque ces cases

Vision inquiétante : des piliers flottent devant vous.

Ils sont parfaitement droits… et vous les voyez concaves !

La nuit et la brume vous joueraient-ils des tours ?

Laissez-vous happer par ce vortex.
La spirale vous emporte…

Sauf que la spirale n'existe pas ! Les 4 anneaux sont parfaitement concentriques.

Quelle curieuse horloge ! Elle n'indique plus l'heure depuis longtemps, pourtant les rouages ne cessent de tourner...

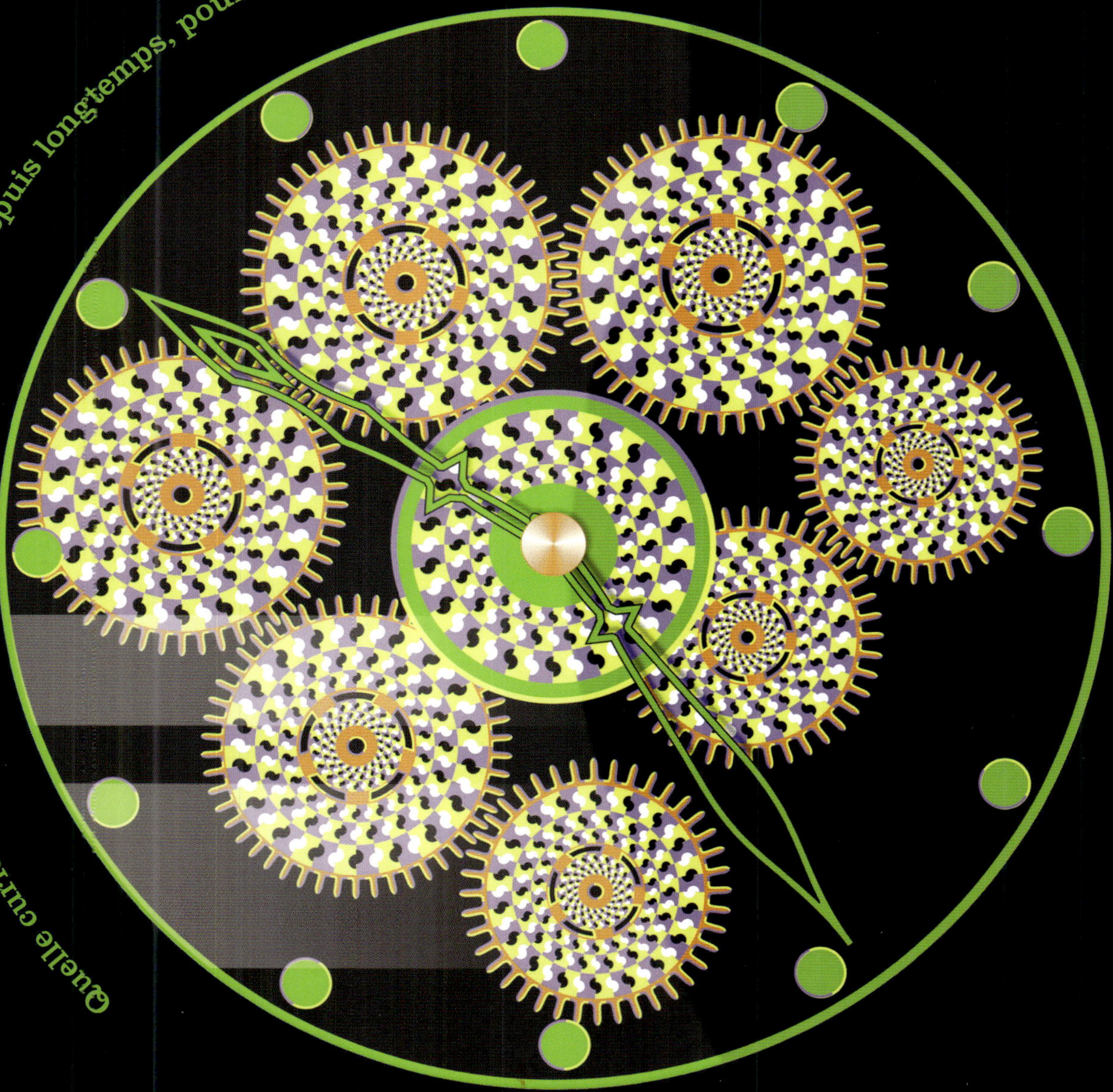

Vertige matinal ?

Attention, si vous comptez sur un bon café pour vous remettre d'aplomb, choisissez bien les grains : ceux-ci semblent bouger…

Prudent, le petit poisson rouge fuit l'hameçon… Mais le courant semble tellement puissant !
Regardez comme ça bouge !

Cette eau

est vraiment

très gazeuse.

Les bulles

s'agitent

tellement

qu'elles

font plier

les lignes

horizontales.

Ssss... Pour qui sont ces serpents qui sifflent sur vos têtes ?
Ces serpents-ci semblent subrepticement glisser vers les côtés.

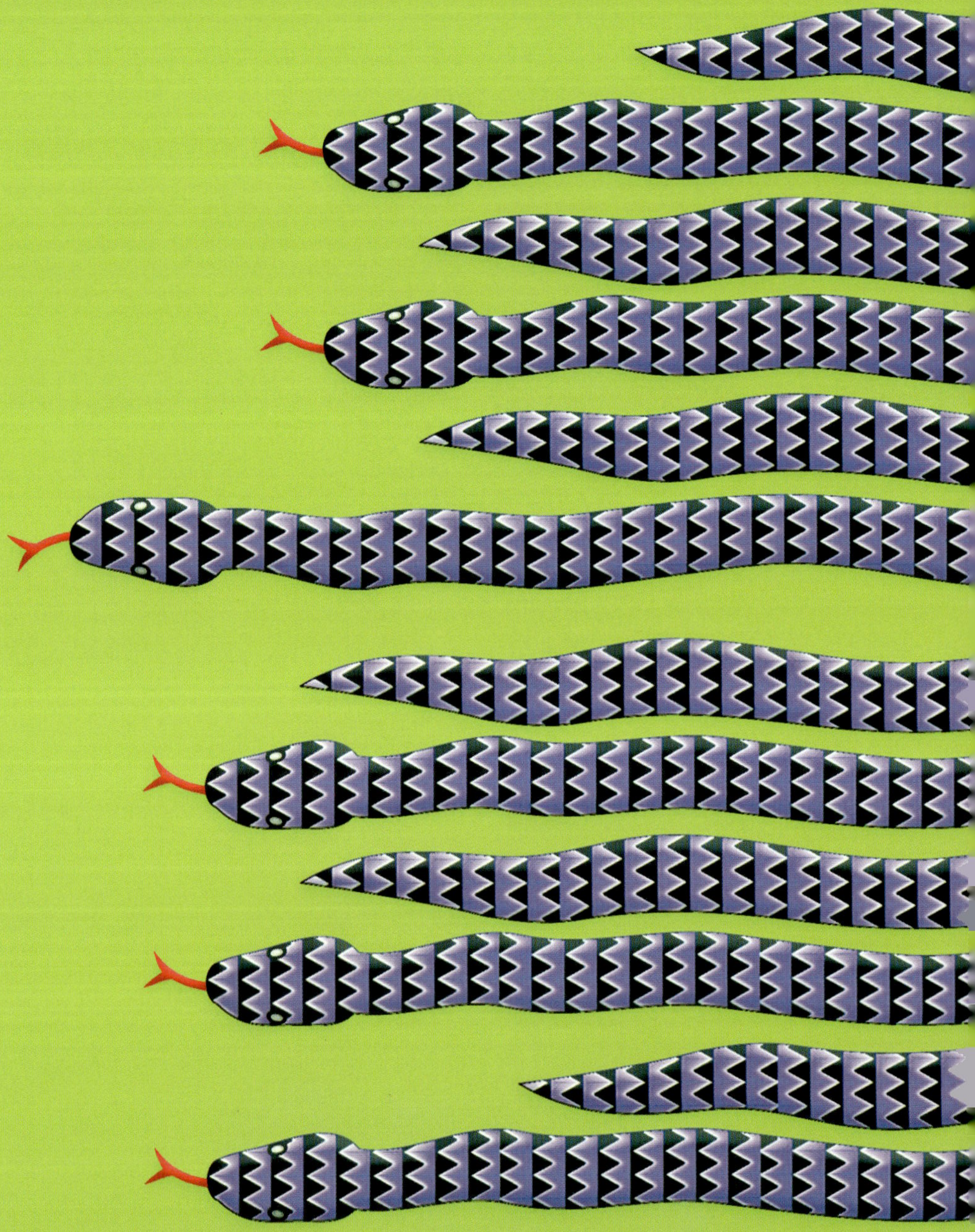

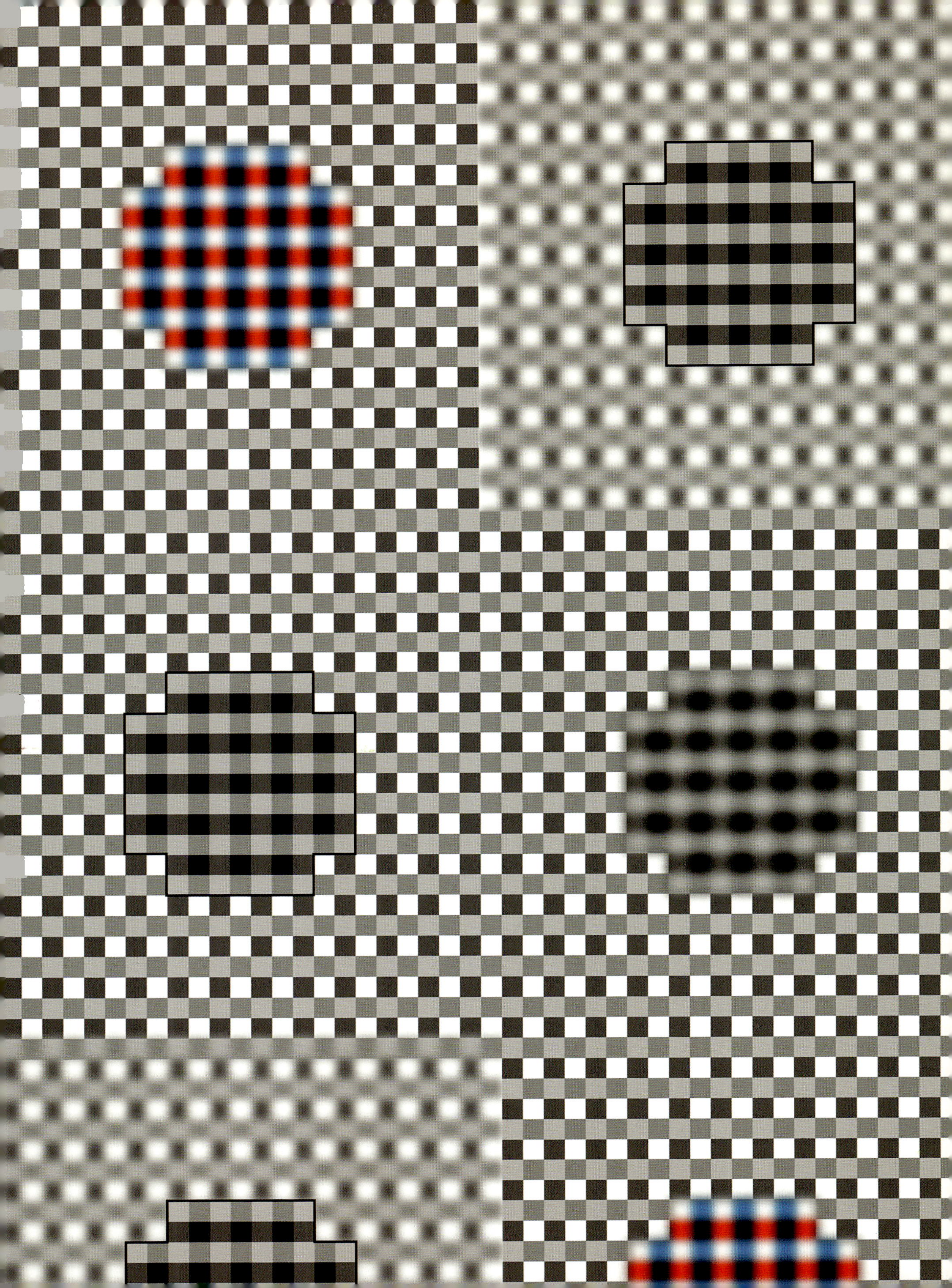

Flou, net… Faites le point en vous concentrant sur chacune des croix.

Au bout de quelques instants, elles semblent se détacher et bouger au-dessus du fond à carreaux (l'effet est amplifié si vous relevez et agitez légèrement la page).

En déplaçant le regard sur l'image, les spirales semblent se dérouler,

s’enrouler, tourner... Prodigieux !

TROUBLE

Sur le marché, le poissonnier raconte : « Hier, j'ai pêché une sardine grosse comme ça ! » Une sardine ? La taille des poissons dans ce monde est surprenante. Son fabuleux poisson serait plus grand que lui... Vrai ou faux ?

Réponse : bien qu'à vue d'œil, l'écartement des bras semble plus petit que la taille du poissonnier, il n'en est rien : la sardine est effectivement plus grande que lui.

Heureux d'être arrivés à bon port, les marins débarquent…
Mais l'atmosphère givrée peut jouer des tours ! Combien de marins, combien de capitaines, semblent s'évanouir dans ce morne horizon ?

Les cubes jouent
à cache-cache…
Combien en
dénombrez-vous ?

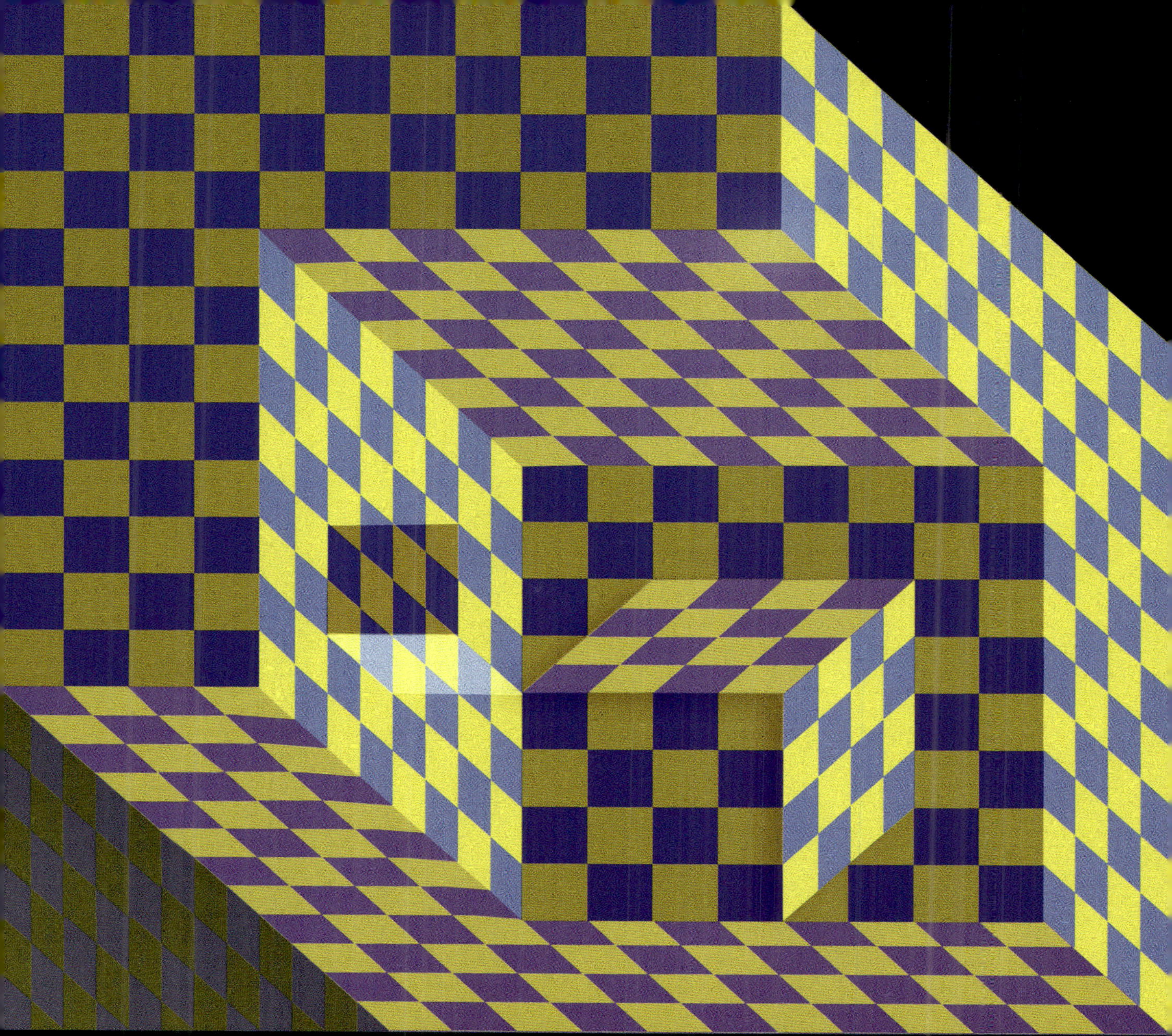

Réponse : il y a 4 cubes ; un petit de 2 carreaux de côté, qui repose sur l'évidement du bloc principal ; un moyen de 4 carreaux de côté qui semble flotter. Enfin, l'évidement peut apparaître comme un cube en relief, si vous vous concentrez sur le tracé des arêtes, placé au-devant du cube principal de 12 carreaux

Voilà une ville renversante…

Les embarcations se font oiseaux
et traversent en vol le paysage.

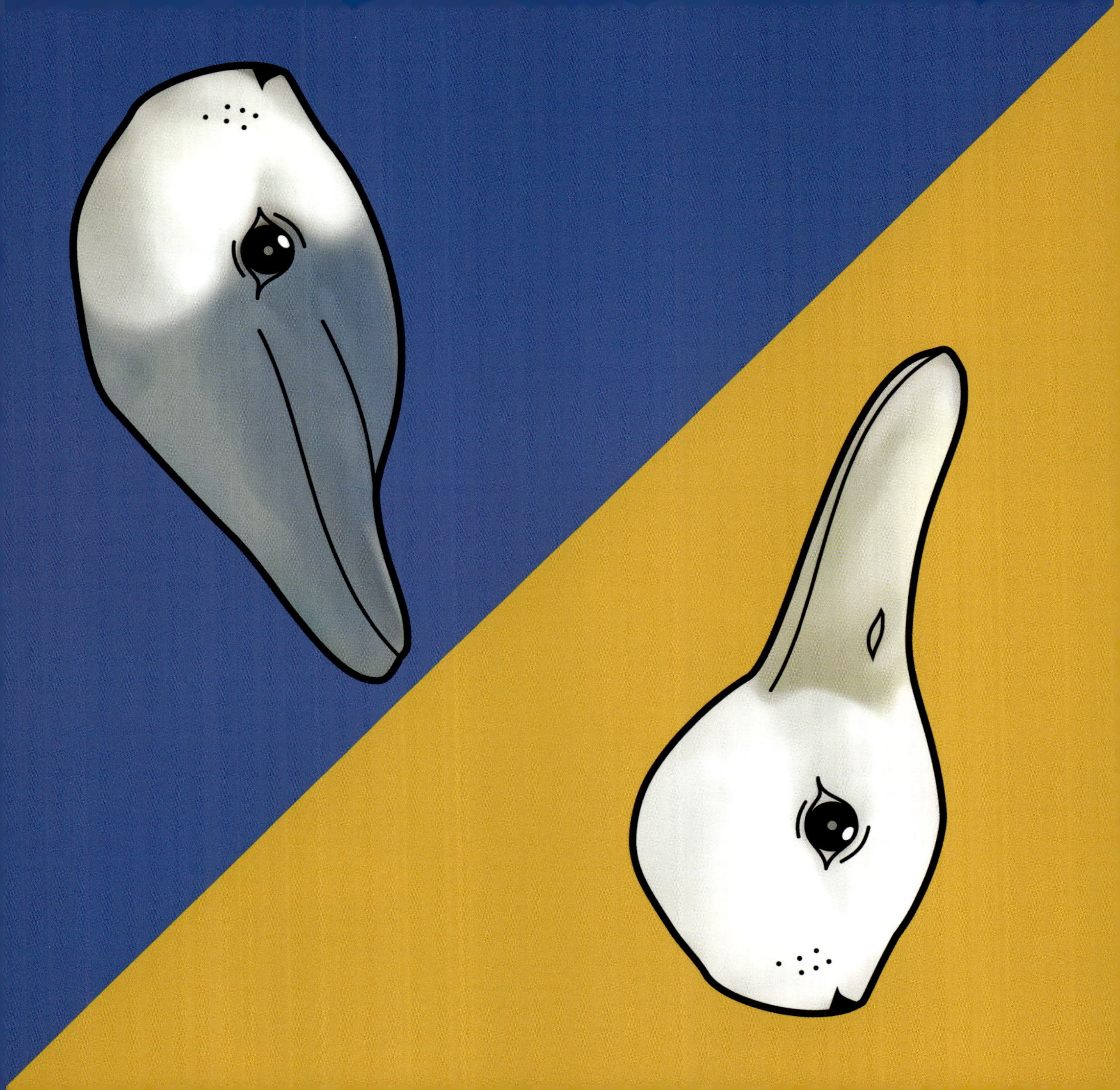

Ce dé-là ne serait-il pas pipé ? En vérité, il ne peut exister que dans votre esprit.

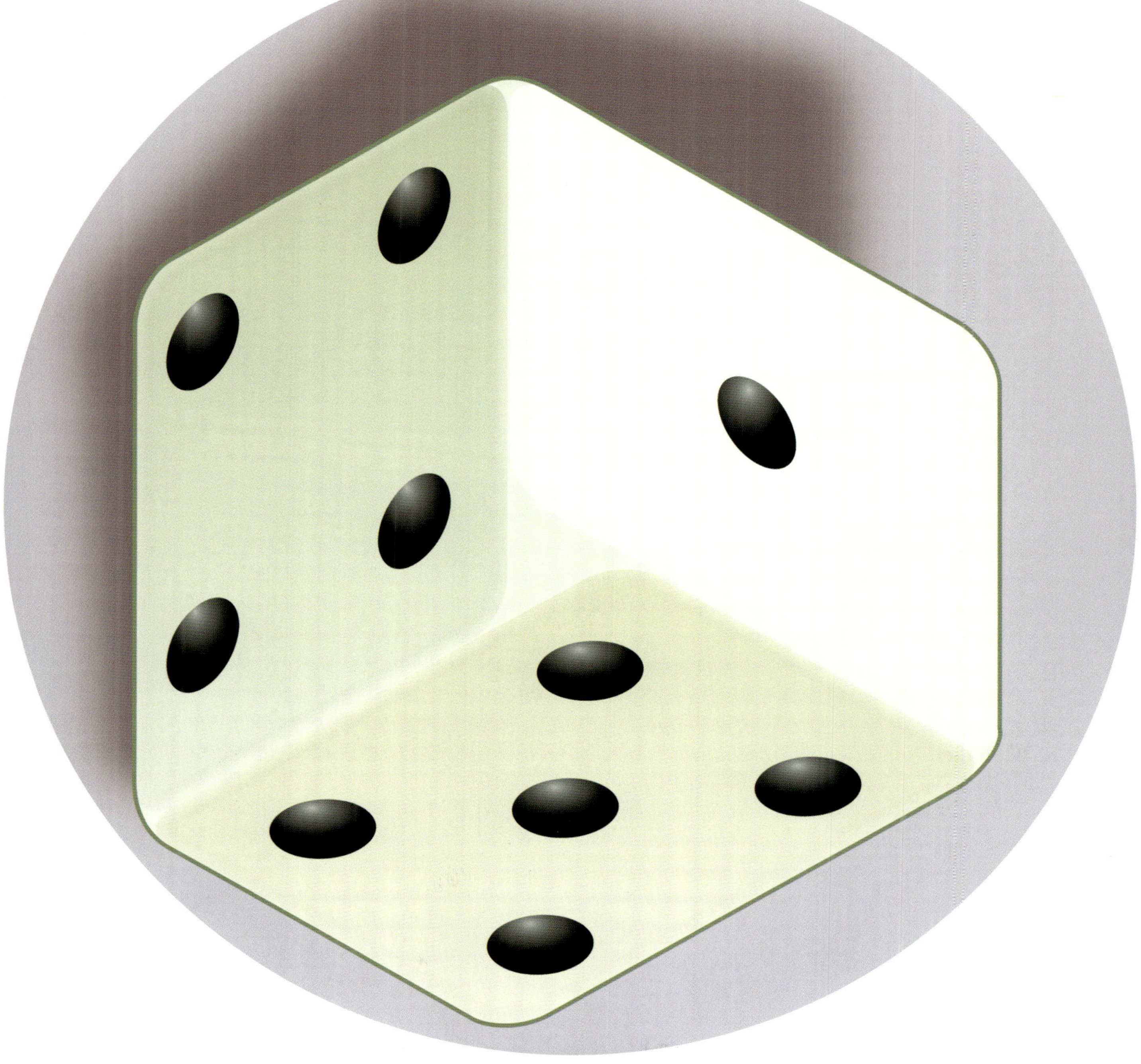

Cet ingénieux ingénieur ne manque pas d'imagination :
il a créé un module impossible…

BIENVENUE DANS LA QUATRIÈME DIMENSION !

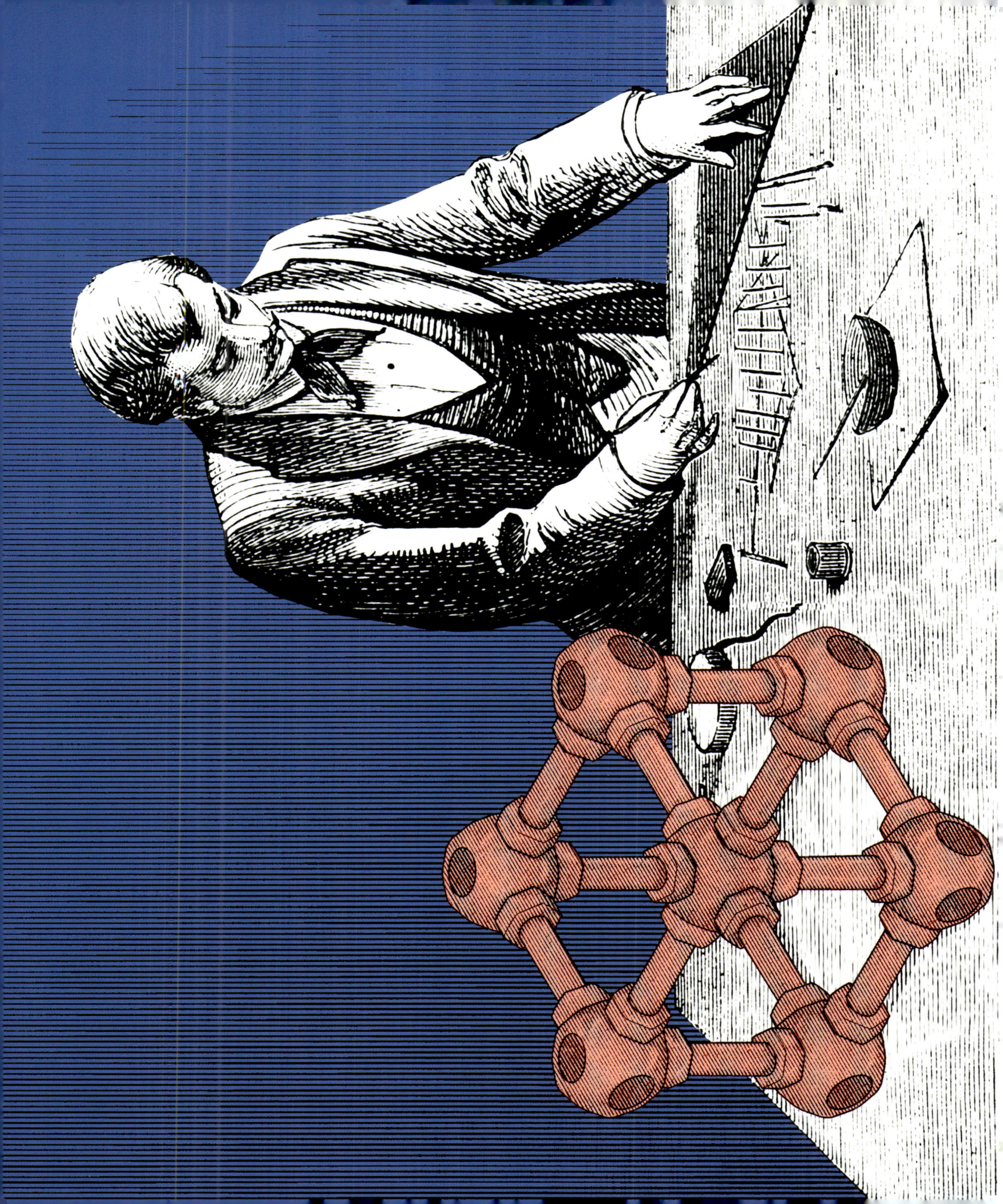

Observez ces trois pains de savons de Marseille…

Pouvez-vous désigner celui dont le motif

en forme d'ellipse est le plus allongé ?

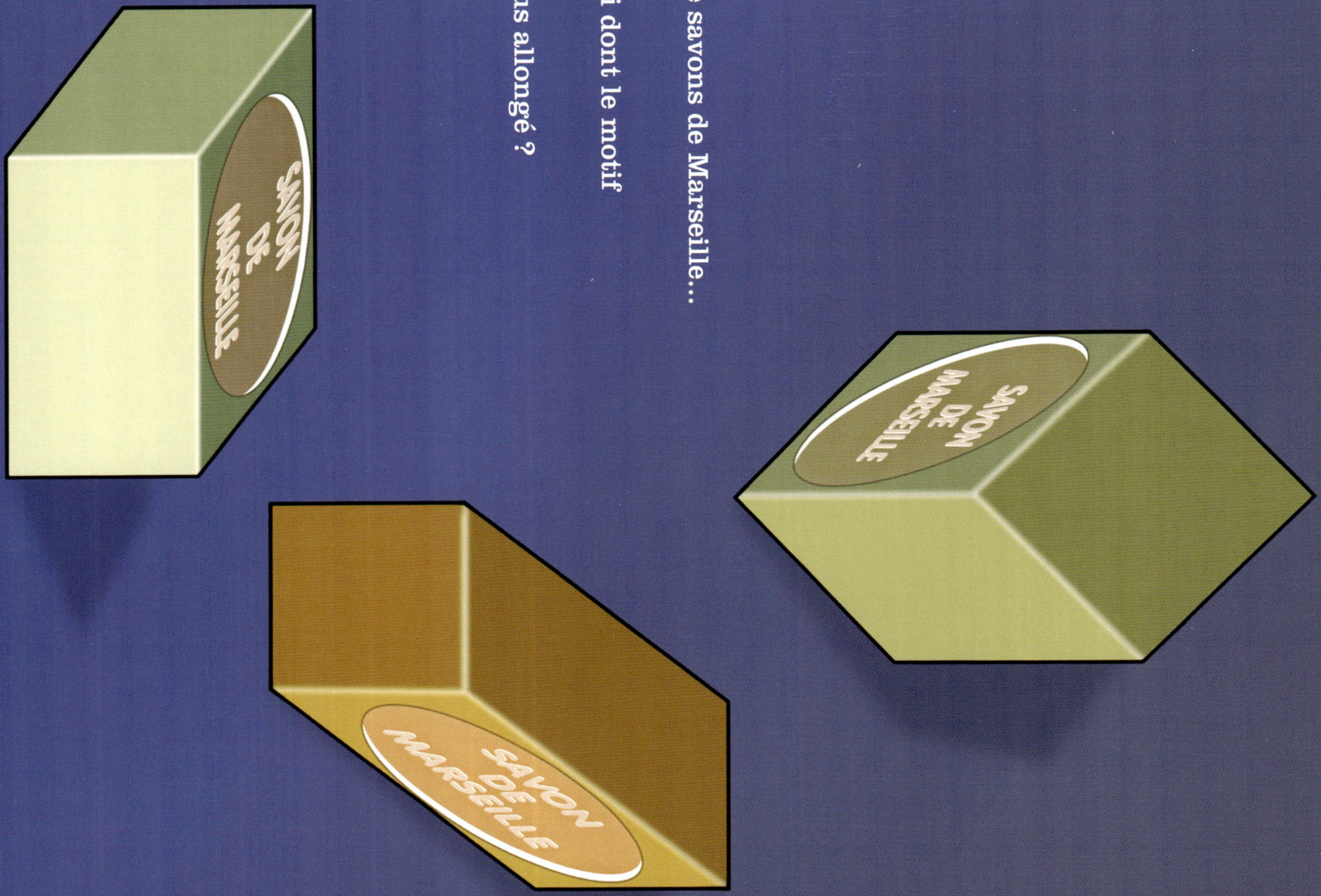

Réponse : contrairement aux apparences, les ellipses sont exactement identiques. Qui l'eût cru ?

Étourdi par tant d'étonnement, vous décidez de vous reposer un instant. Votre lit est aussi long que large. Lequel est-ce ?

Réponse : votre lit est le B. Toutefois, 70 % des personnes répondent le C. Encore raté ?

De ces deux cerceaux, lequel possède le plus grand diamètre ?
Et ce kiosque improbable, édifié par un architecte farfelu :
saurez-vous trouver le détail qui le rend impossible à construire ?

Réponses : la ligne rouge dans le petit cerceau est plus longue !
Vous n'en croyez pas vos yeux ? Mesurez les deux traits rouges à l'aide d'une réglette.
Par ailleurs, si vous observez de près les piliers du kiosque, vous vous rendrez compte d'une aberration au niveau de la perspective.

Dans le jardin des merveilles, les distances pourraient bien être trompeuses. Saurez-vous désigner le chemin le plus court ?

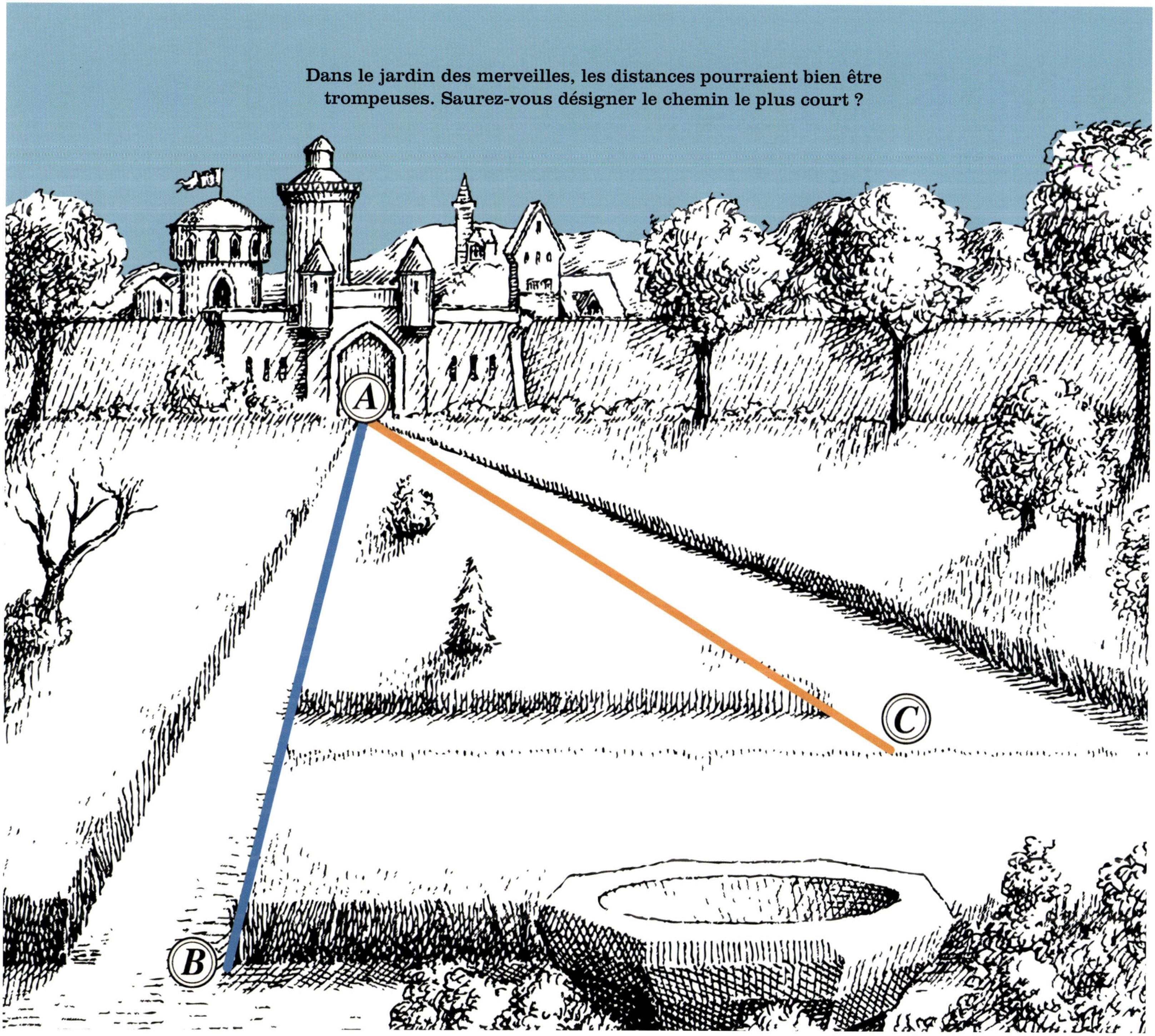

Réponse : facile, on ne vous la fait plus ! Les deux chemins sont de même taille, d'ailleurs ça se voit ! Plus de 80 % des personnes pensent comme vous. Pourtant, la ligne AC est bien plus longue que la ligne AB !

Le cavalier et son fidèle
chien s'éloignent-ils
vers l'horizon
ou s'approchent-ils
dans votre direction ?
Impossible à dire…
Difficile d'évaluer
le sens et la direction
d'une silhouette
ou d'une image ombrée !

Ce magicien
est passé maître
dans l'art de l'origami.
Et vous, seriez-vous
capable de faire
ce pliage impossible ?

Le constructeur de cette automobile

a le sens de l'humour

mais pas le sens pratique...

Profitez d'une vue d'hélicoptère et observez le toit de ce gratte-ciel :
AB, CD… Quel bord est le plus long ?

Réponse : le bord AB paraît bien plus long, mais c'est un effet de perspective. Les deux bords sont identiques.

Ce vase, instable sur sa pointe, intrigue. Quel point détermine la moitié de la longueur délimitée par les barrettes bleues : le jaune, le vert ou le rouge ?

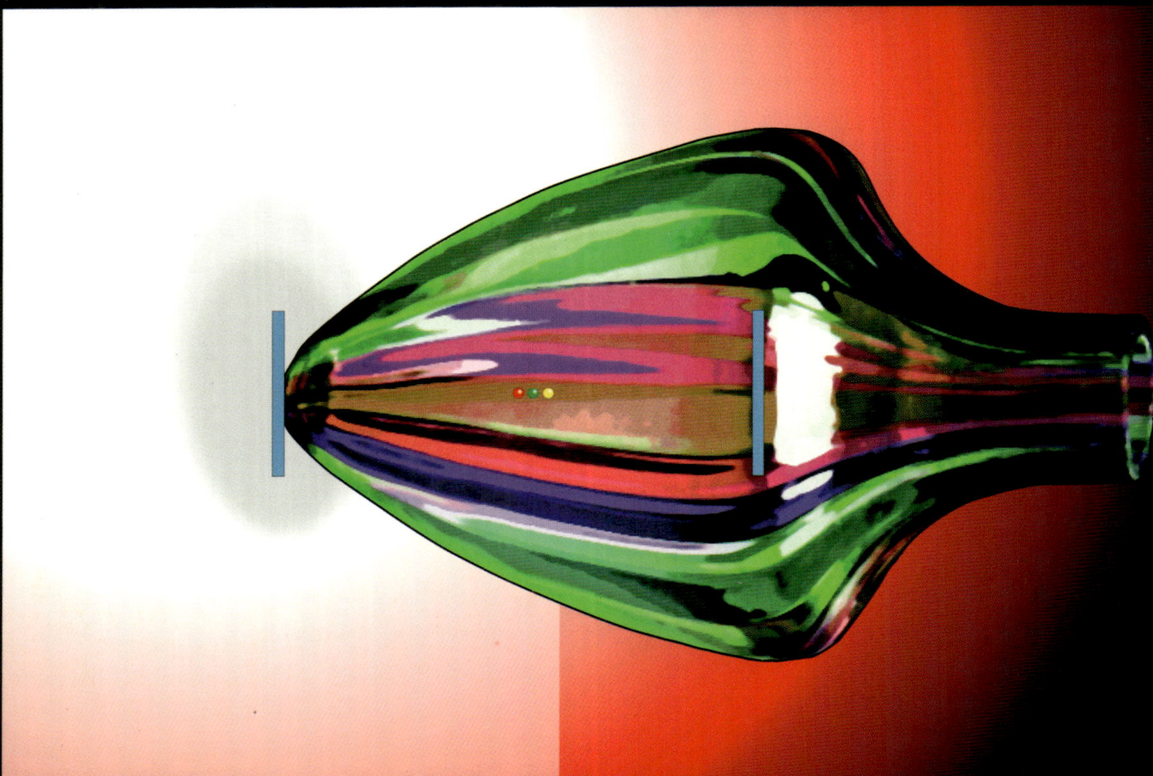

Réponse : étonnamment, 80 % des personnes interrogées répondent le point vert alors que la réponse correcte est le point rouge. Auriez-vous confondu le centre de gravité du vase avec le milieu de la hauteur de l'objet ?

objet aussi volumineux ?

Lequel de l'arc bleu ou du vert prolonge le pourtour rouge de la barrique ?

Même sans être étourdi par le vin, vous n'êtes pas à l'abri d'une erreur. Tournez la page pour vérifier votre réponse.

Réponse : avez-vous répondu l'arc de cercle bleu, comme 70 % des personnes interrogées ?

Ce projet de rouages présente au moins 8 absurdités visuelles !
À vous de les trouver...
Pour vérifier votre réponse, tournez la page.

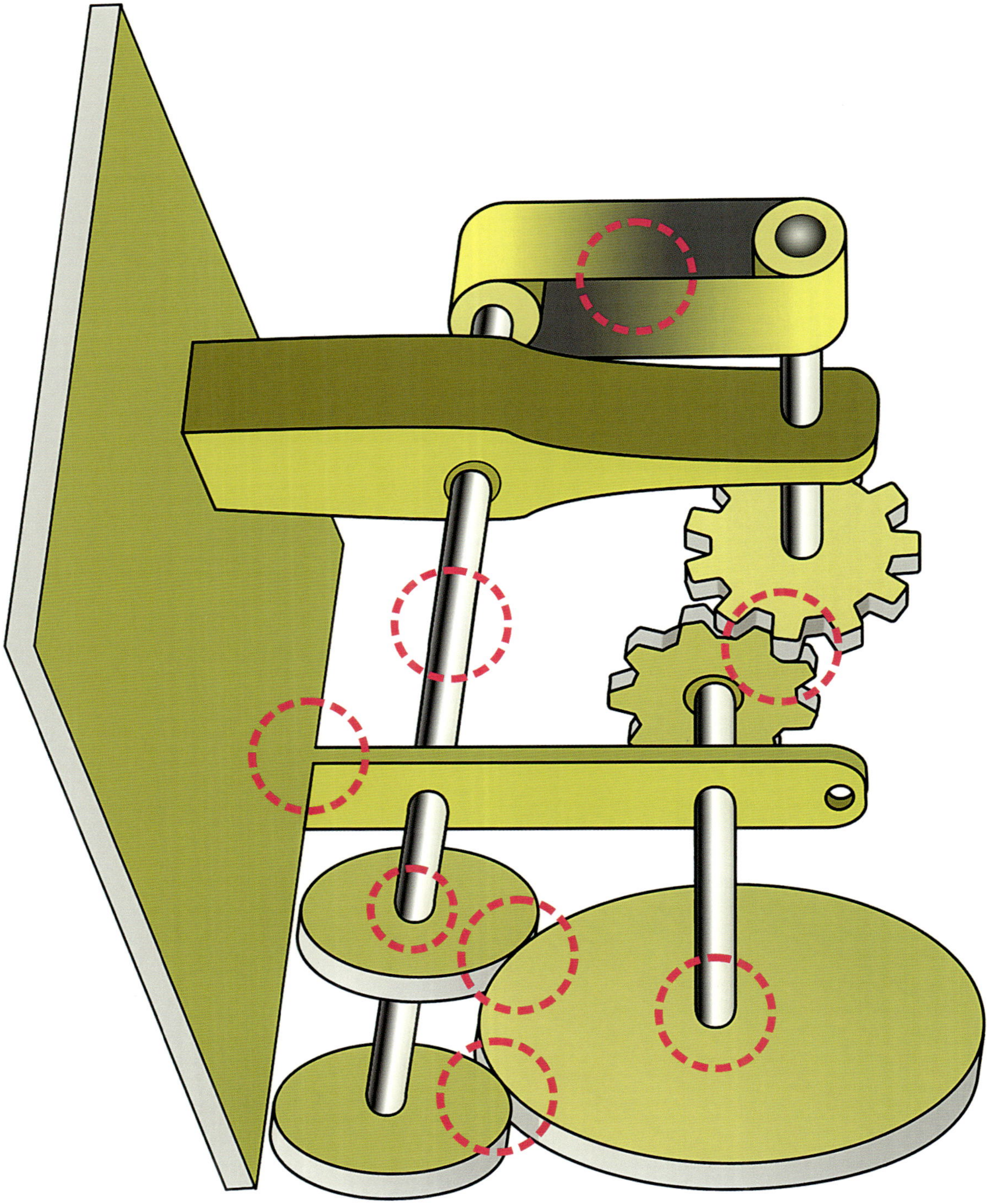

L'architecte est épris de sensations fortes.

Vous serez vous-même pris de vertiges en regardant cet immeuble improbable.

ÉBLOUISSEMENT

Vous voilà absorbé par une drôle de faille spatio-temporelle.

Lorsque vous déplacez votre regard sur l'image, les huit branches

de l'étoile vibrent et se dilatent. Le temps semble s'arrêter…

De puissantes vibrations partent de l'œil central et créent un éblouissement.
En imprimant à la page un rapide mouvement de va-et-vient devant vous, vous accentuerez l'effet.

Alerte au séisme ! Du centre du globe semblent jaillir des pulsations qui se propagent sur toute sa surface.

Penchez-vous au-dessus de ce puits dont les parois semblent vibrer. Il vous entraîne dans une chute sans fin !

Balayez l'image du regard : le motif en étoile semble pulser. Puis avancez et reculez alternativement la tête : cette fois, le motif s'approche et s'éloigne de façon spectaculaire.

Promenez votre regard sur l'image. N'avez-vous pas l'impression que des dizaines de petits flashs se déclenchent ? Souriez !

Attention, cette page est hautement dangereuse. À sa vue, vos yeux s'affolent, les traits se mettent à vibrer et la mort vous sourit

Étrange saison d'automne où les feuilles ne chutent que dans votre esprit. Car il n'y a ici que des lignes horizontales

jaunes et noires. C'est votre cerveau qui donne un sens à la scène et crée une illusion de profondeur

Ces faisceaux lumineux évoquent une vannerie
étrange dont les segments
s'animent autour du centre !

Sur ces deux images,
de fins anneaux,
bleutés à gauche, verts à
droite, se dessinent à
intervalles réguliers.

Approchez-vous pour vous rendre compte que les cercles n'existent pas. Encore un mirage !

Balayez des yeux ce mur

arlequin. Il scintille !

De petits points jaune pâle

insaisissables apparaissent

aux intersections des lignes,

puis disparaissent dès que

vos yeux s'arrêtent dessus.

Oh là là ! Ces drôles de cercles concentriques semblent former

une spirale, tournoyer et changer de sens par intermittence.

Effectuez un petit mouvement circulaire avec le livre

pour créer une onde lumineuse qui anime le disque.

N'avez-vous pas l'impression qu'il tourne ?

Le centre de cette toile d'araignée géante pulse et envoie un signal lumineux. Est-ce pour mieux attirer ses proies ?

Un coup d'œil sur la page et les néons colorés

envoient leurs palpitations lumineuses.

ci, l'œil perd tous ses repères : Des ondes lumineuses parcourent
oute la surface et les droites paraissent sinueuses.

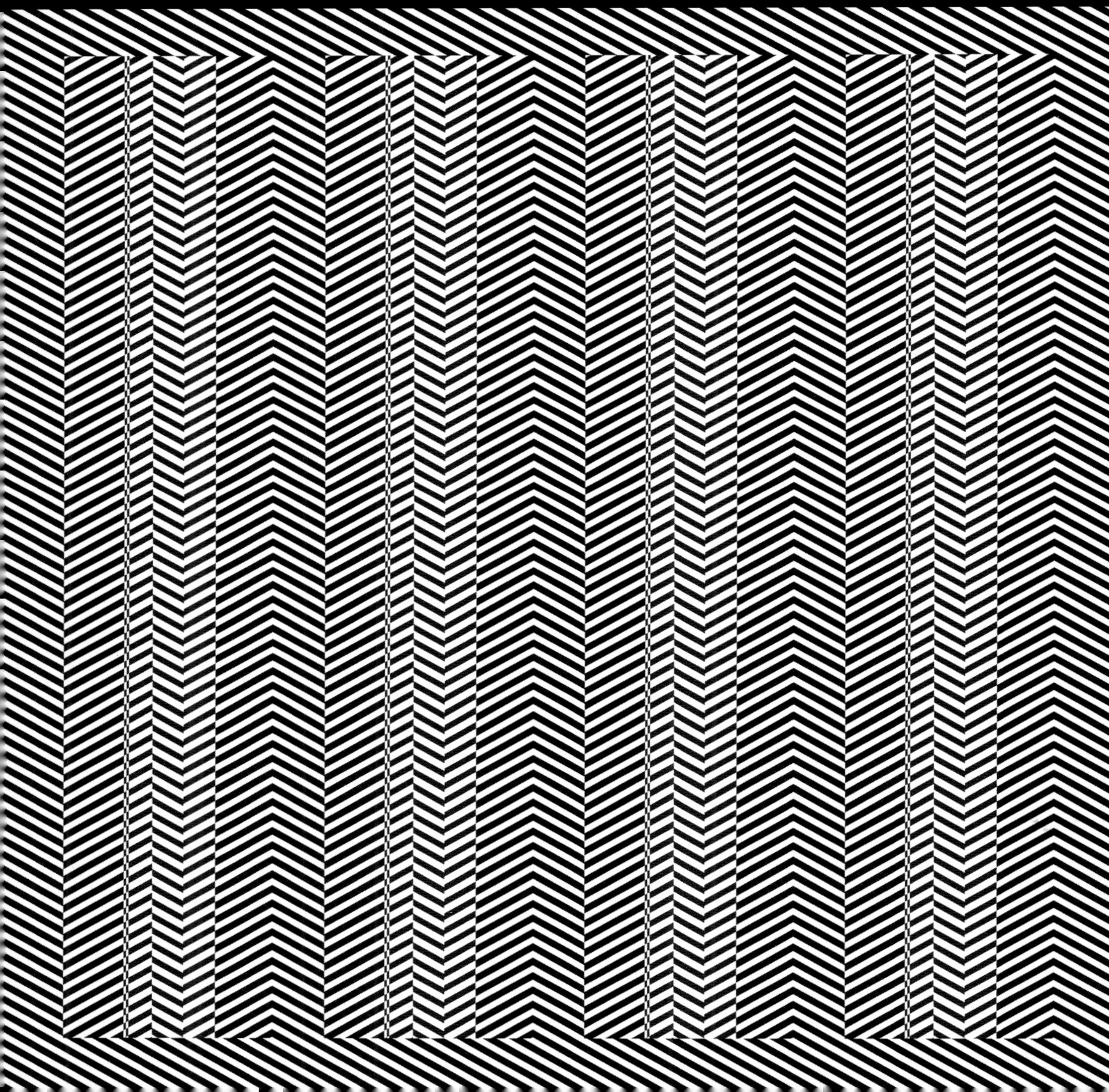

Dans ce monde surprenant, le soleil est noir, mais lumineux ! Ne remarquez-vous pas un fourmillement intense à la naissance des rayons ? Si vous tendez le livre devant vous et que vous effectuez un mouvement circulaire, deux disques de lumière semblent tourner autour du soleil noir… et quelques couleurs apparaissent.

De plus, si vous bougez votre regard autour, la sphère semble se déplacer,

le rouge du fond semble vibrer et émettre par intermittence de légers flashs.

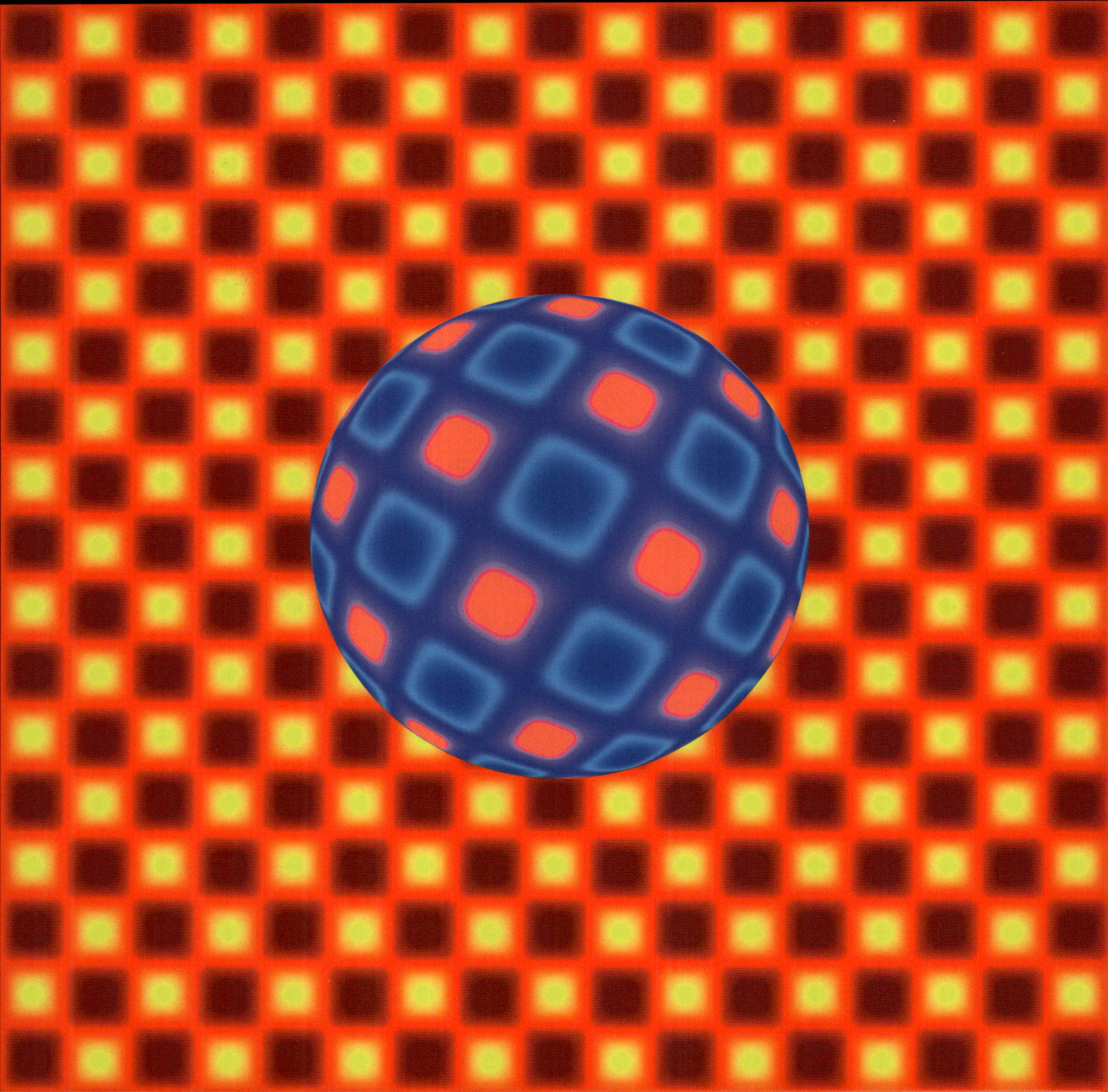

Quelle puissante boule d'énergie !
Immobile, elle semble pourtant par moments
absorber les couleurs environnantes.

Ces étranges parasites colorés produisent de légères pulsations visuelles.
Y aurait-il un virus dans l'air ?

HALLUCINATION

Le soleil se couche, rendant hommage à une icône hollywoodienne.

Pou-

Pou- pidou !

Quelle tristesse! Les couleurs de l'arc-en-ciel ont terni.
Afin de leur redonner leur éclat, fixez le point blanc de l'arc-en-ciel
du bas pendant une vingtaine de secondes.
Puis, fixez à nouveau le premier.

L'Orient réserve bien des mystères…
Lequel des deux octogones violets est le plus clair ?
Pour en être sûr, tournez la page…

Réponse : ils sont exactement de la même teinte.

Concentrez-vous sur l'alignement des barrettes grises. Lorsqu'elles sont sur un fond bicolore, elles s'imprègnent des couleurs avoisinantes, et arborent, de haut en bas, un dégradé qui va du gris clair au gris foncé, du rose au bleuté, ou du bleuté au jaune. En réalité, les barrettes sont toujours uniformément grises!

Et une boule géante se forma… Une boule ornée de serpentins et de carrés couleur néon.
Cependant, les couleurs délimitent des angles fantômes… car les carrés ne sont pas dessinés !

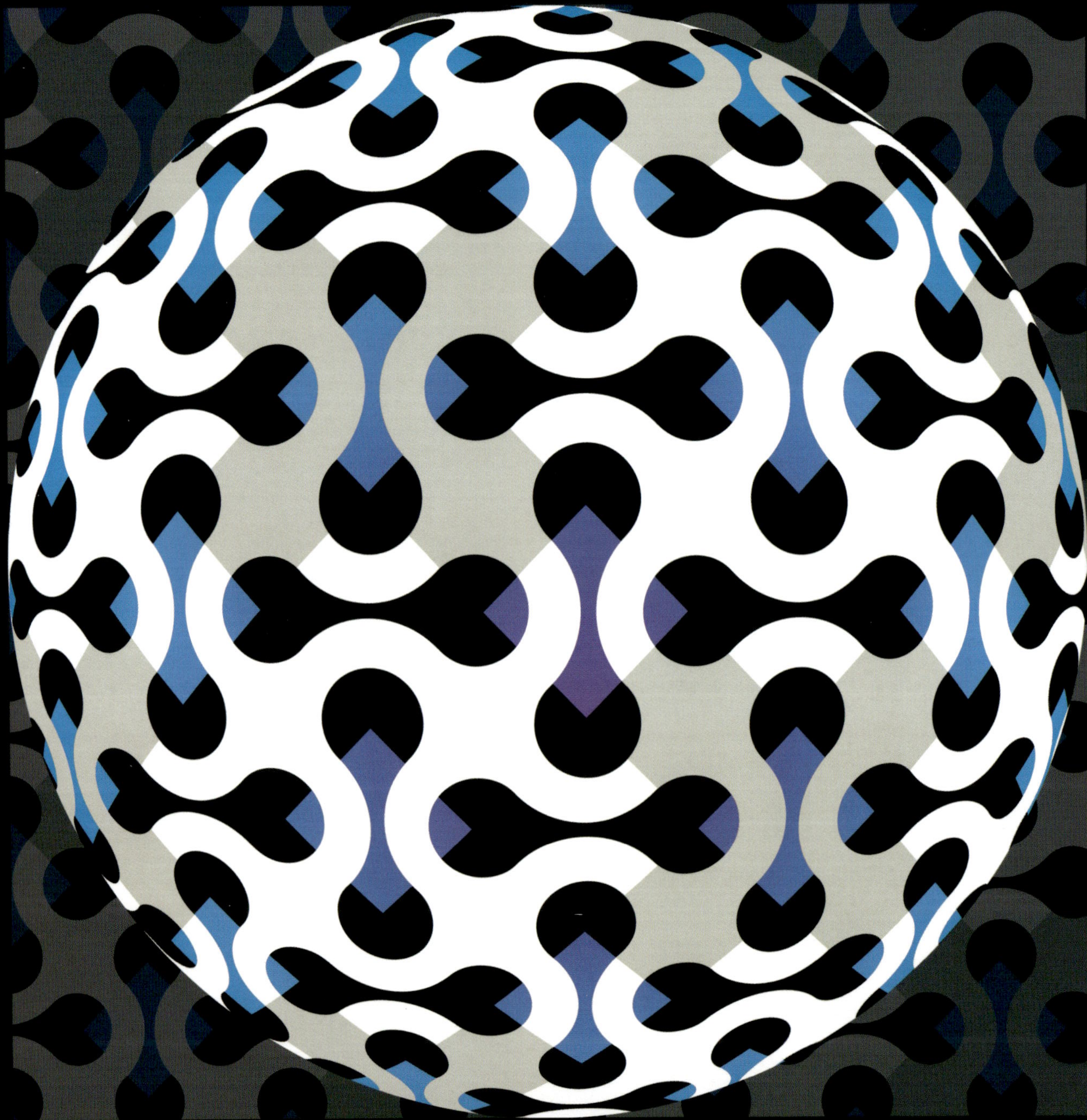

Ce curieux système électrique fabrique une lumière néon. En effet, on observe un serpentin bleuté marqué à intervalles réguliers de traits bleus plus foncés. Pourtant, le fond est uniformément blanc… C’est comme si les bâtonnets bleus diffusaient de la lumière !

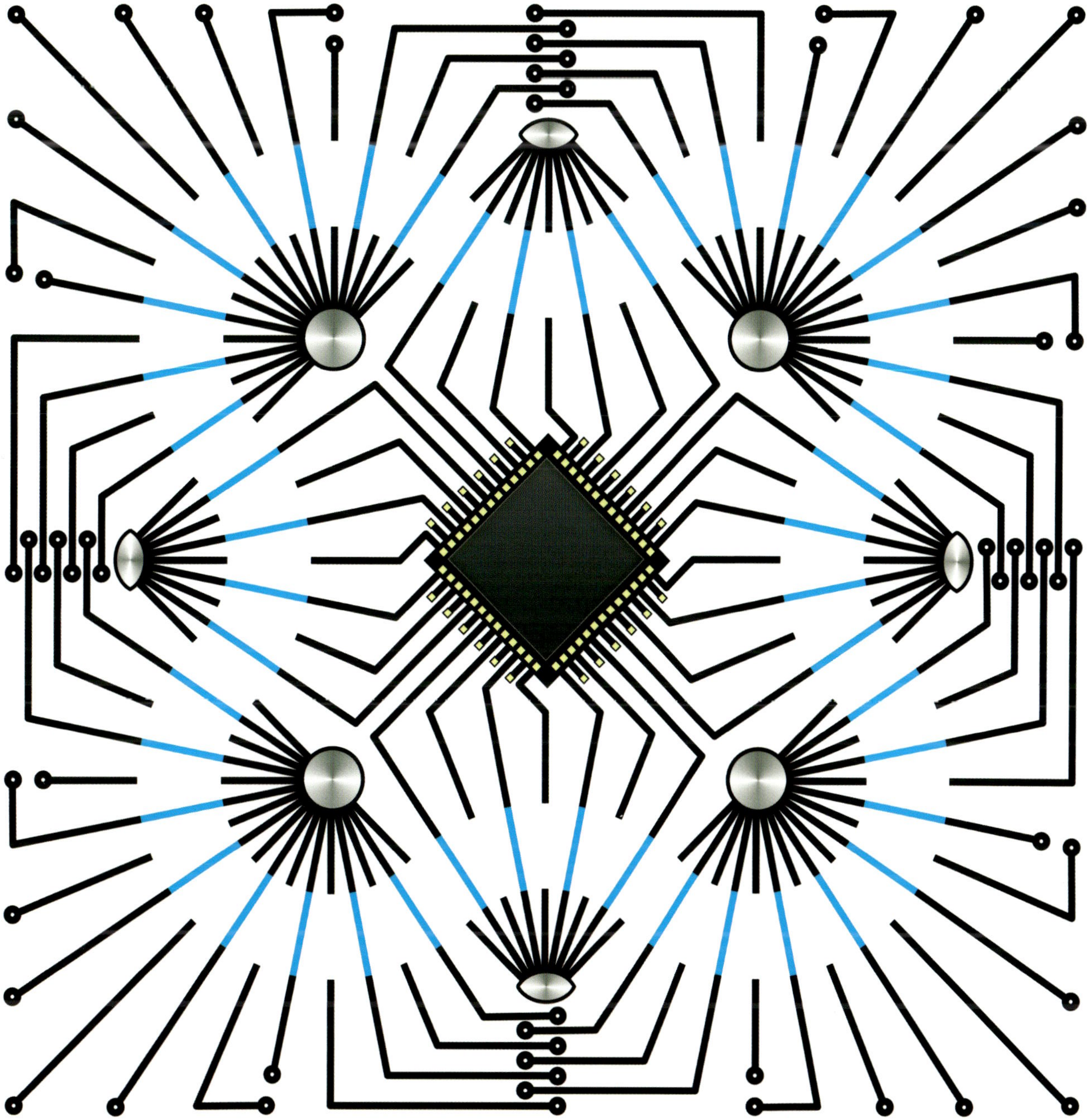

Vous avez cligné de l'œil !
Au premier regard, plus de 70 % des personnes ne remarquent pas que le chat blotti dans les bras de la jeune fille possède deux paires d'yeux.
En fait, si vous vous concentrez sur les traits faciaux du chat, ceux-ci apparaissent instables, oscillants, un peu comme si vous étiez en état de légère ébriété.

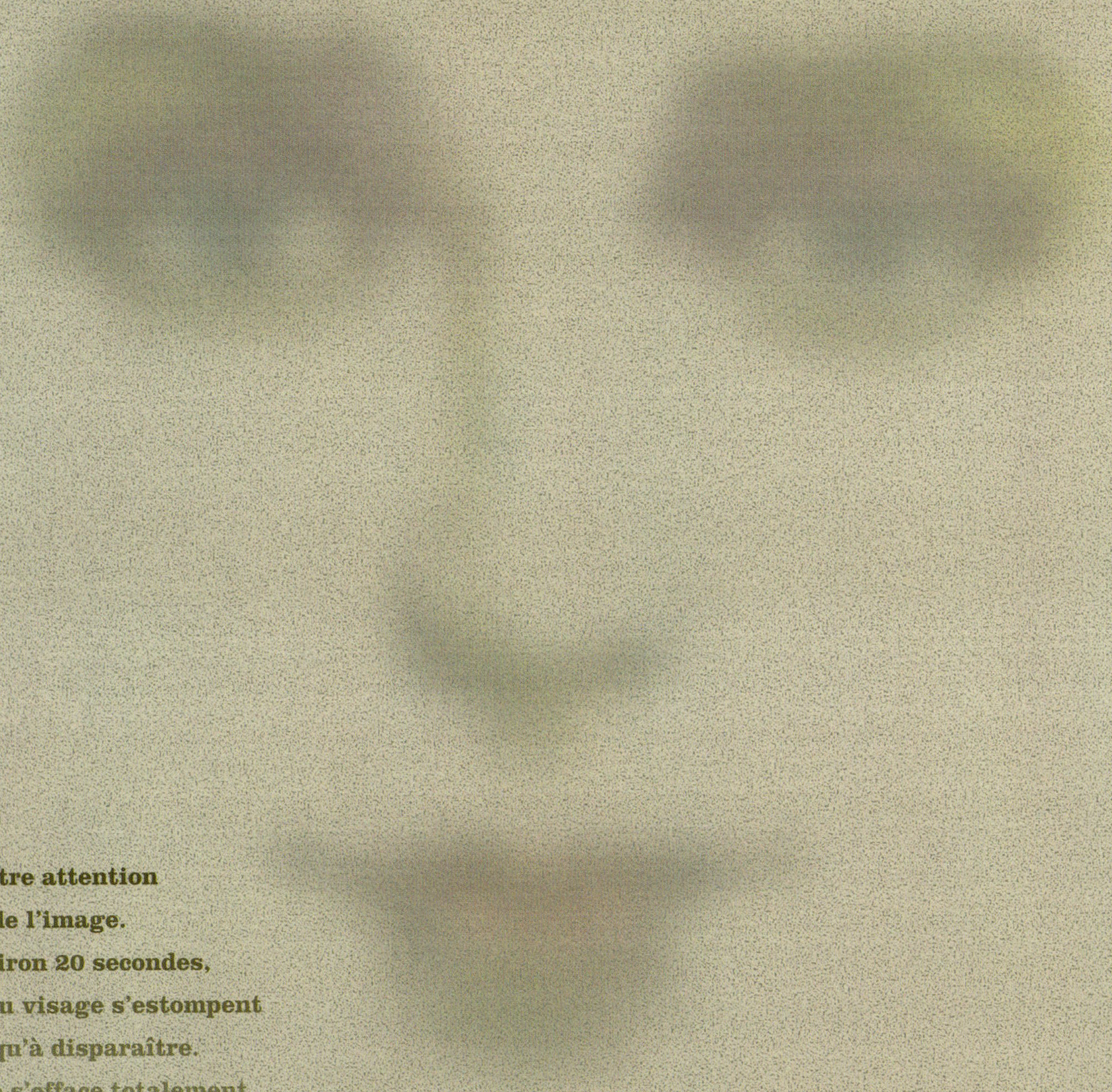

Concentrez votre attention
sur le centre de l'image.
Au bout d'environ 20 secondes,
les couleurs du visage s'estompent
peu à peu jusqu'à disparaître.
Puis le visage s'efface totalement…
Quel est le secret de la femme invisible ?

Entrez dans la chambre des mystères.
Le miroir vous pose une énigme :
« Lequel des deux cubes possède
les faces les plus claires ? »

Réponse : bien que les surfaces colorées du cube réfléchi paraissent plus claires, elles sont parfaitement identiques à l'original.

Paris s'éveille sous la pluie… et nous émerveille.
Éloignez un peu le livre de vos yeux, et vous verrez apparaître
le visage d'une femme sereine.

Voilà un masque bien singulier ! Mais qu'est ce qui retient autant l'attention ?
Pour lever le voile, tournez la page...

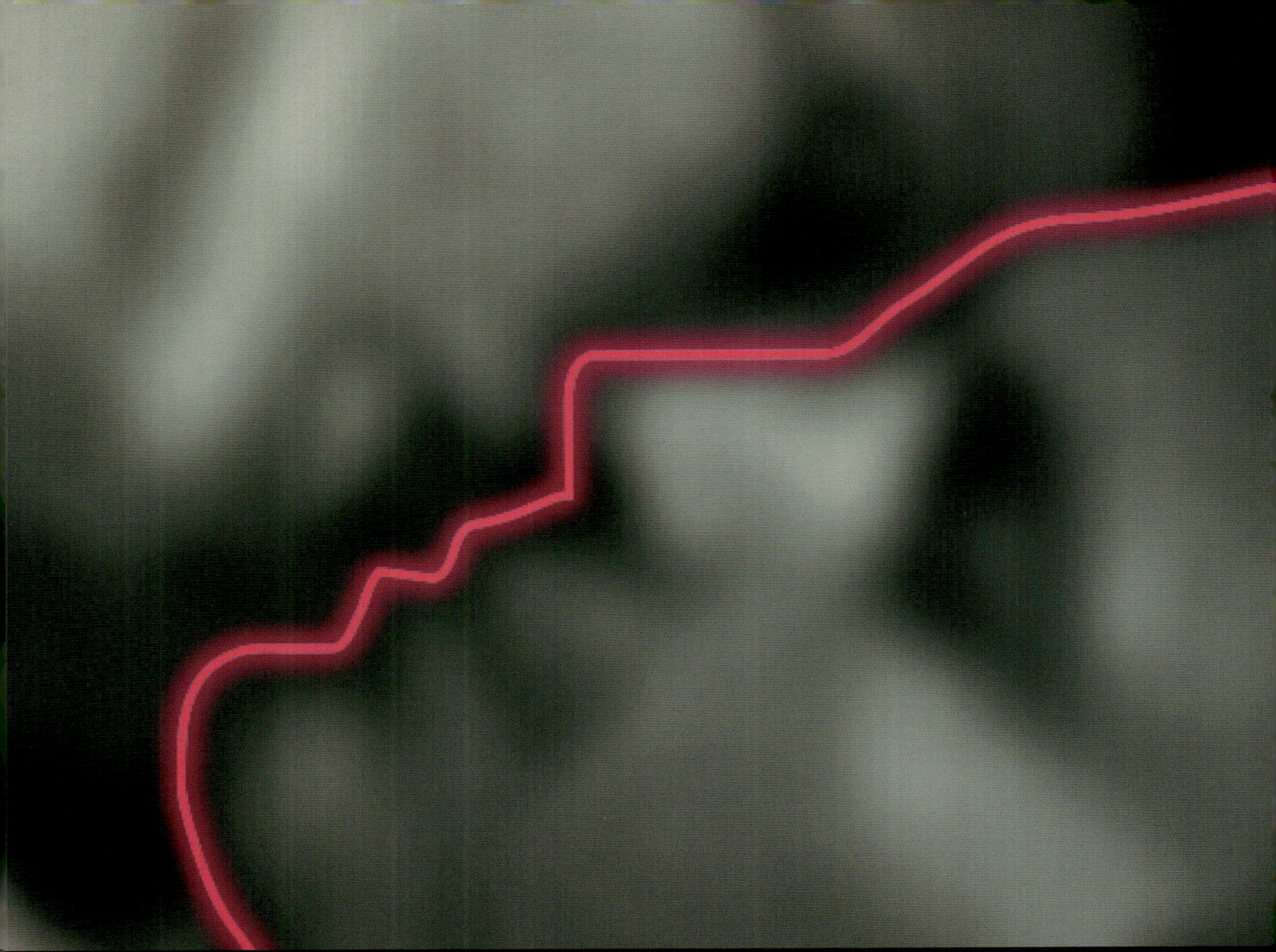

Ici, les dominos sont surprenants :
ils comptent jusqu'à 9 points et les règles sont un peu farfelues.
Pourtant, cet assemblage de dominos
a quelque chose de familier…

Prenez un peu de recul, vous verrez apparaître le visage d'une jeune femme !

Maman Oiseau s'occupe de sa nombreuse famille, nichée dans l'arbre.

Mais au fait, combien d'oiseaux y a-t-il ici ?

Réponse : on décompte 10 oiseaux ; la maman et ses 4 oisillons dans le nid.
Mais dans leur bec se cachent aussi 5 autres oiseaux.

PETIT TÊTE-À-TÊTE ENTRE UN ÉLÉPHANT ET UN TAUREAU SACRÉ : VOILÀ UN COUPLE DE FRÈRES SIAMOIS INATTENDU !

Étonné par tant de merveilles optiques,
vous en avez lâché l'assiette préférée
de grand-mère... Oubliez la colle, vous êtes
ici dans un monde où tout est possible.
Utilisez donc vos pouvoirs « magiques » !
Fixez votre attention sur le corps du homard,
placé à une vingtaine de centimètres
de vos yeux, pendant une quinzaine
de secondes : vous verrez le morceau
cassé se recoller ou du moins le pourtour
de l'assiette s'égaliser.

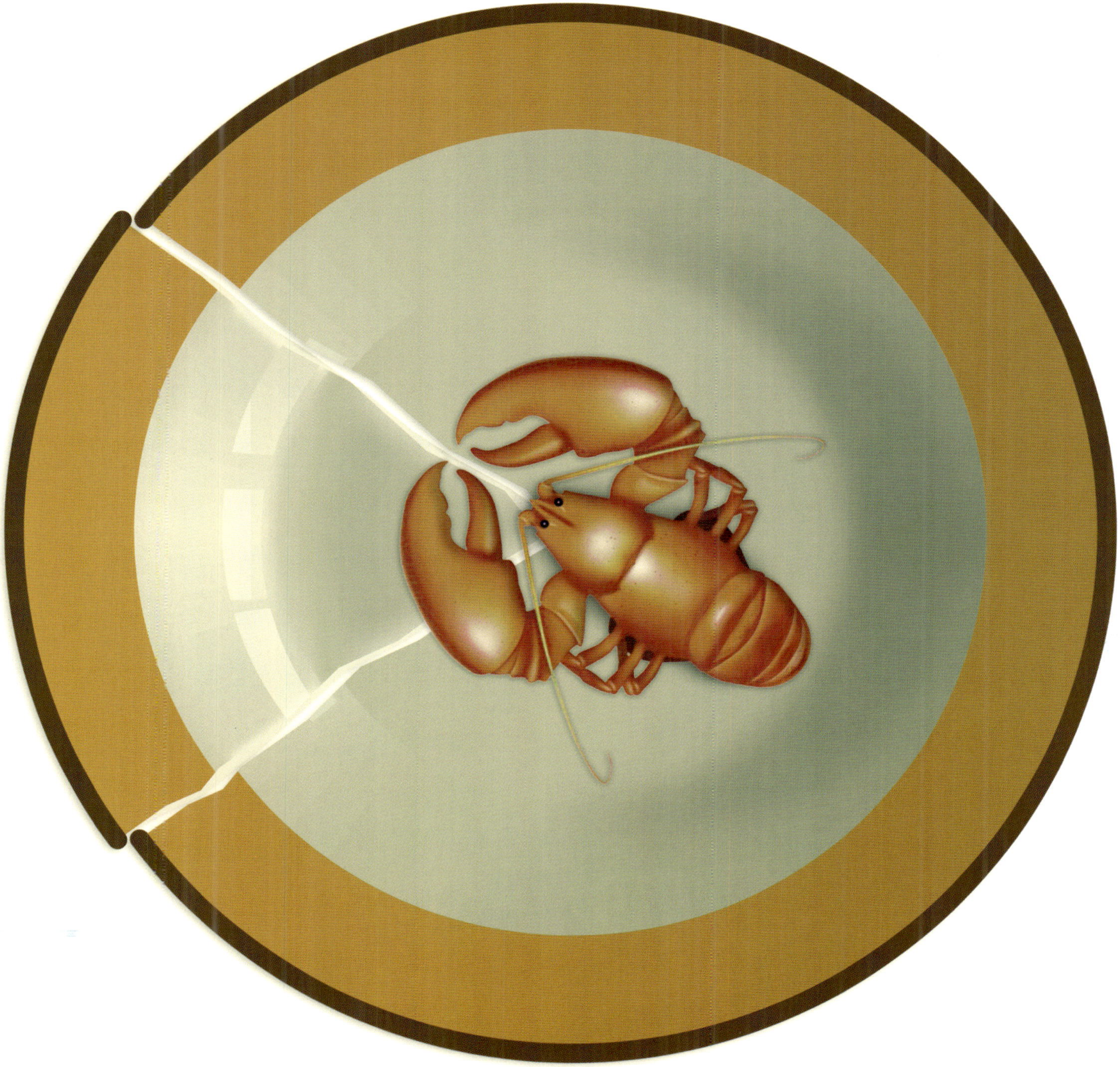

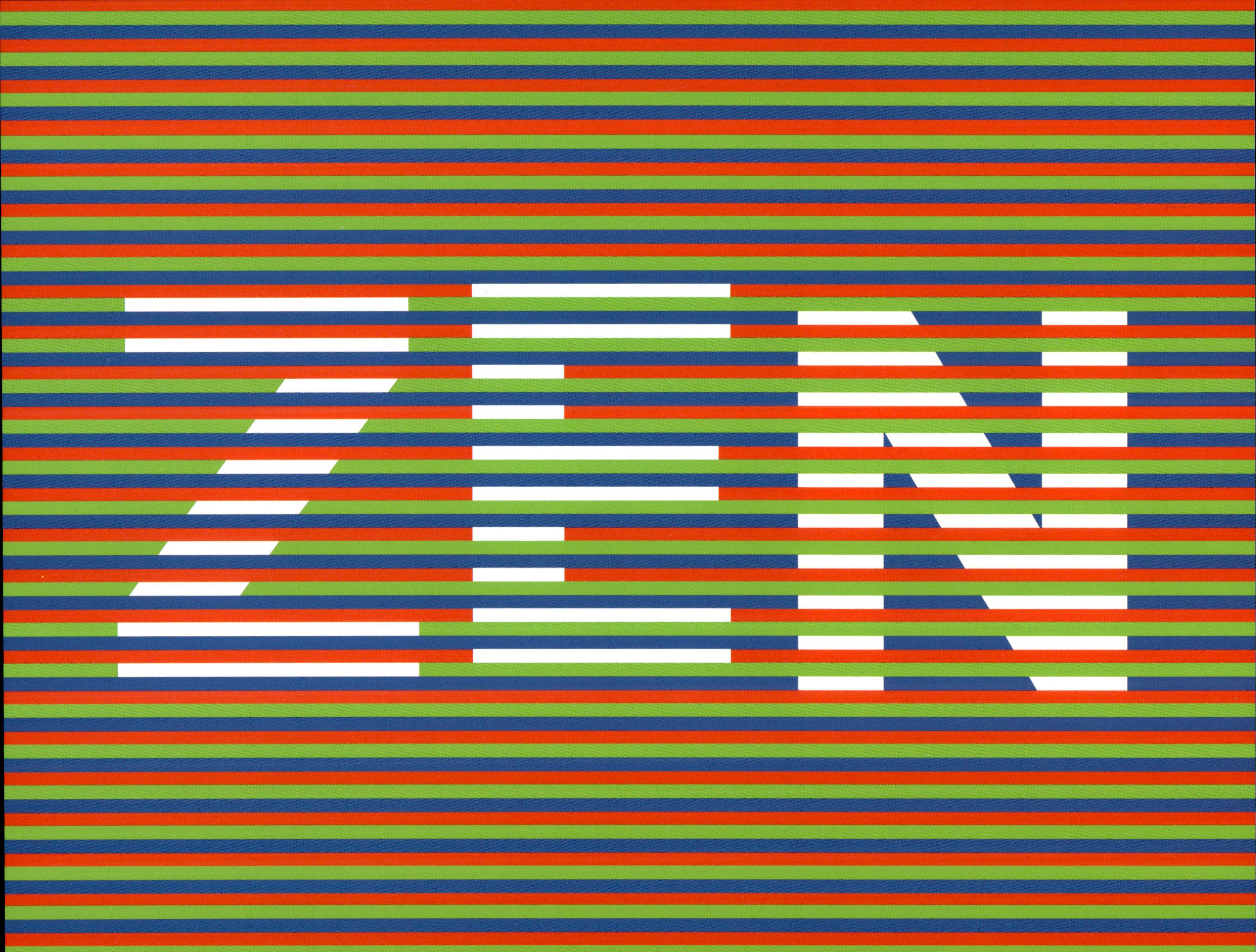

Derrière cette barrière de couleurs se lit le mot « zen »,
écrit en couleurs pâles : respectivement rose, vert et jaune.
Penchez-vous sur l'image… Eh, oui ! Les lettres sont blanches !

B.
C.
A.

Réponse : aussi surprenant que cela puisse paraître, la réponse est la C !

Bébé Zèbre joue à cache-cache avec sa maman. Pour le retrouver, apprenez à lire entre les lignes.

L'aquarium semble bien vide… Pour remettre Bubulle dedans, fixez la croix de l'image à gauche, pendant une trentaine de seconde environ. Puis déplacez votre regard sur la croix de l'aquarium. Ne vous inquiétez pas,

Bubulle s'en ira bien avant que le chat ne l'attrape.

Pour que l'illusion fonctionne au mieux, faites l'expérience sous une lumière vive !

LES AUTEURS

Gianni A. Sarcone et Marie-Jo Waeber, fondateurs et responsables du projetArchimedes' Laboratory (www.archimedes-lab.org), sont auteurs / vulgarisateurs. Experts en jeux d'esprit, ils créent des espaces de divertissement « intelligent » pour journaux et revues internationales de renom (ils collaborent entre autres avec Focus BrainTrainer et Focus Junior en Italie et Brain Games aux États-Unis) ; ils s'occupent de didactique, créativité et communication par le jeu et l'art. Gianni A. Sarcone et Marie-Jo Waeber ont écrit plusieurs livres de vulgarisation sur le thème des sciences cognitives qui vont de la perception visuelle aux jeux de logique. Gianni Sarcone vient d'une famille d'artistes italiens, ce qui l'a conduit à devenir un spécialiste reconnu dans le domaine de la perception visuelle. Il a été consultant et membre du jury au 3e Concours International de « Best Visual Illusion of the Year », à Sarasota, en Floride (États-Unis). À ce même concours en 2011, *Mask of Love* (page 113) a reçu le prix du public pour la meilleure illusion d'optique.

Gianni A. Sarcone et Marie-Jo Waeber ont été primés par l'Award de « Scientific American » pour la diffusion et la vulgarisation du savoir technico-mathématique.